Bibliografische Information der Deutschen Nationalbibliothek:

Die Deutsche Bibliothek verzeichnet diese Publikation in der Deutschen National-
bibliografie; detaillierte bibliografische Daten sind im Internet über http://dnb.d-
nb.de/ abrufbar.

Impressum:

Copyright © 2004 GRIN Verlag, Open Publishing GmbH
Druck und Bindung: Books on Demand GmbH, Norderstedt Germany
ISBN: 9783668334960

Daniel von Kirchner

Kalksandstein als ein ökologischer Baustoff

Erkundung eines Unternehmens der Kalksandsteinindustrie

GRIN Verlag

Hausarbeit

Kalksandstein als ein ökologischer Baustoff

Erkundung eines Unternehmens der Kalksandsteinindustrie

Daniel von Kirchner

Universität Oldenburg
Fakultät II für
Informatik, Wirtschafts- und Rechtswissenschaften
- Institut für technische Bildung –
Studiengang: Technik
Seminar: Baustoffkunde
SoSe 2004

Inhaltsverzeichnis

1. Einleitender Gedanke

Im Sommersemester 2004 fand an der Carl von Ossietzky Universität Oldenburg am Institut für technische Bildung unter der Leitung von Herrn Karl-Heinz Hoffmann ein Seminar zum Thema: „Baustoffkunde" statt.

Im Rahmen der Veranstaltung wurde unter Beachtung der Thematik „Baustoffkunde" eine Erkundung des Kalksandsteinwerkes XXX in Bezug auf ökologische Aspekte und Herstellungsverfahren von Kalksandsteinen angeboten.

Ich sehe es als sehr wichtig an, dass sich Schülerinnen und Schüler im Sekundarbereich I der Haupt- und Realschule nicht nur mit technischen Prozessen theoretisch beschäftigen, sondern diese gewonnen Erkenntnisse auch real vertiefen.

Mithilfe des Unterrichtsverfahrens der Erkundung sollen Schülerinnen und Schüler durch Beobachtung und Befragung die Möglichkeit erhalten, einen Einblick in ausgewählte begrenzte Praxisbereiche zu gewinnen.

Auch die Betrachtung von Baustoffen unter ökologischen Aspekten ist ein wesentlicher Aspekt im Technikunterricht und im Unterricht allgemein. Hier besteht die Aufgabe seitens der Schule, bei jungen Leuten das Bewusstsein für Umweltfragen zu erzeugen, sodass die Bereitschaft für den verantwortungsvollen Umgang mit der Umwelt gefördert wird, der auch über die Schulzeit hinaus wirksam bleibt.

Aus diesen Überlegungen heraus, möchte ich nun den Kalksandstein als möglichen ökologischen Baustoff in den Mittelpunkt der Betrachtung ziehen.

2. Die Vorstellung des Kalksandsteinwerkes

Die Kalksandsteinindustrie ist in Deutschland die zweitgrößte mauersteinproduzierende Branche mit rund 112^{1}½ Werken.

---

[1] Die Werte und Angaben beziehen sich auf den Jahresbericht des Bundesverbandes der Kalksandsteinindustrie vgl. www.kalksandstein.de - **Wir über uns**

Die Einzelunternehmen haben sich in Deutschland zu einem Bundesverband der Kalksandsteinindustrie zusammengeschlossen, der die Unternehmen in wirtschafts- und sozialpolitischen Interessen vertritt.

Sitz des Bundesverbandes ist in Hannover. Wesentliche Aufgabenbereiche des Bundesverbandes der Kalksandsteinindustrie liegen zum einem in dem Abschluss von Tarifverträgen und zum anderen in der Zusammenarbeit mit den Berufsgenossenschaften.

Im Jahr 2002 wurden in den 112 Werken insgesamt 2095 Arbeitnehmer beschäftigt. Jedes Werk machte durchschnittlich einen Umsatz von 3,7 Millionen Euro. Das Kalksandsteinwerk XXX, dass eine einhundert jährige Firmengeschichte besitzt (1904-2004), produziert mit seinen XX Mitarbeitern zur Zeit im Jahr, verteilt auf die verschiedenen Steinformate[2]3, 13 Millionen Steine.

Geschäftsführer ist Herr XXX. In dem Kalksandsteinwerk wird lediglich der benötigte Sand vor Ort abgebaut. Der erforderliche Kalk wird angeliefert.

3. Vorbereitung der Erkundung

3.1 Allgemeines zur Erkundung

Um außerschulische Einrichtungen zu untersuchen bietet sich die *Erkundung* als Methode an. Eine Erkundung gliedert sich grundsätzlich immer in die Phasen

1. Vorbereitung,
2. Durchführung und
3. Auswertung,

wobei zu erwähnen sei, dass sich diese Gliederungspunkte ferner unterteilen können. Auch in Hinblick auf den fächerübergreifenden Aspekt können Erkundungen unter sozialen, funktionalen und berufsorientierenden Aspekten durchgeführt werden. Erkundungen können zur Erreichung unterschiedlicher Ziele eingesetzt werden. Eine methodische Variante ist die Vororientierung. Sie wird angewendet, um in ein neues Thema einzuführen. Den Schülerinnen und Schülern steht am Anfang kein Material

---

[2] Planelemente werden in diesem Werk nicht hergestellt.

zur Verfügung. Sie kennen lediglich das Thema. Bei dieser Form der Erkundung kommt es darauf an, dass man im Vorfeld bereits festlegen soll, was man über das neue Thema wissen will. Innerhalb dieser Methode wird eindeutig der Schwerpunkt auf den motivierenden Einstieg gelegt, der darauf ausgerichtet ist, Kompetenzen des selbstständigen Problemlösens einzuüben.

Möchte man eher auf die unterrichtstheoretischen Ergebnisse zurückgreifen, bietet sich die Erkundung in Form einer **Praxisanalyse** an. Hier ist es möglich, dass bereits erarbeitete Wissen zu festigen und anhand der Betriebserkundung zu relativieren.

Je nach Aufgabe der Erkundung kann man sie als gemeinsame Klassenerkundung, **Klassenerkundung mit Erkundungsaufträgen einzelner Gruppen**, Gruppenerkundungen oder Alleinerkundungen einsetzen. Als Erkundungsform wurde in dieser Hausarbeit die Praxisanalyse als Klassenerkundung mit Erkundungsaufträgen einzelner Gruppen gewählt.

3.2 Wahl des Zeitpunktes für die Erkundung

Die Vorbereitung der Erkundung des Kalksandsteinwerkes sollte im Rahmen der Unterrichtseinheit: „Ökologische Aspekte des Renovierens und Bauens" (TE 15 RS) erfolgen. Die Rahmenrichtlinien für die Realschule[3], die auch Anregung zur Erkundung von Baustoffen geben, sehen eine Bearbeitung des Themenfeldes im Zeitfenster zwischen dem 9. und 10. Schuljahr vor. Da die Schülerinnen und Schüler in der neunten wie auch in der zehnten Klasse bereits durch den Arbeit/Wirtschaft Unterricht in das Themenfeld: „Betrieb im Wirtschaftsgeschehen"[4] eingeführt wurden, kann diese Erkundung auch fächerübergreifend dazu dienen, Produktionsabläufe und die betriebliche Grundfunktion (Beschaffung, Produktion und Absatz) anhand eines realen Betriebes näher zu beleuchten.

Im Themenbereich „ökologische Aspekte des Bauens und Renovierens" soll den Schülerinnen und Schülern zunächst verdeutlicht werden, dass sie tagtäglich mit

---

[3] Niedersächsisches Kultusministerium (Hrsg.) (1997): Rahmenrichtlinien für die Realschule, Arbeit/Wirtschaft, Technik Schroedel
[4] ebenda, AW 6 RS – Wirtschaftliches und soziales Handeln im Betrieb

Baustoffen im Kontakt stehen, da diese einen Großteil ihrer Zeit in Gebäuden verbringen.

Ein wesentlicher Schwerpunkt innerhalb des Themenkomplexes ist es, den Schülern
zu verdeutlichen, dass sich im Vorfeld einer Baumaßnahme die Auswahl der Baustoffe auf das Befinden auch in ferner Zukunft auswirken kann. So ist es unabdingbar,
sich über ökologische und umweltbewusste Bauweisen zumindest grundlegend zu
informieren um auch für umweltbewusstes Handeln sensibilisiert zu sein.

3.3 Organisatorische Vorbereitung

Organisatorisch müssen vor der Erkundung eines Kalksandsteinwerkes einige wich-
tige Punkte beachtet werden. So ist mit der Schulleitung abzuklären, ob gegen eine
außerschulische Erkundung Einwände bestehen. Zudem sind alle Kollegen und Kol-
leginnen zu informieren, die zum Zeitpunkt der geplanten Erkundung in der beziehungsweise in den teilnehmenden Klasse(n) Unterricht geben. Auch hier ist grundsätzlich das Einverständnis der betreffenden Lehrkräfte einzuholen.

Für die genaue Bestimmung eines Erkundungstermins ist eine Absprache mit den
Mitarbeitern und Mitarbeiterinnen des zu erkundenden Kalksandsteinwerkes zwin-
gend erforderlich. Nach Auskunft des Kalksandsteinwerkes XXX ist hierfür ein Tele-
fongespräch einige Wochen vor dem geplanten Erkundungstermin ausreichend. Um
den eigenen Wunschtermin möglichst Nahe zu bekommen, sollte die Terminabspra-
che so früh wie möglich erfolgen. Eine genaues Anmeldeprozedere für die Erkundung existiert zumindest für das Kalksandsteinwerk nicht.

Um auch die inhaltliche Vorbereitung, die gleich noch genauer beschrieben werden
soll, effektiv zu gestalten, empfiehlt es sich, vor der eigentlichen Erkundung Materialien über Kalksandsteinherstellung und Kalksandstein als ökologischer Baustoff zu
beschaffen (z. B. mit Hilfe des Internets www.kalksandstein.de)

Die Anreise zum Kalksandsteinwerk erfolgt je nach Standort der Schule auf ver-
schiedensten Wege. Ist die Schule im gleichen Ort ansässig, würde sich ein gemein-
samer Spaziergang zum Werk anbieten. Schulen aus den Außenbereich beziehungsweise aus den umliegenden Landkreisen müssen andere Formen der Anreise
finden. Hier bietet sich vornehmlich die Nutzung des Personennahverkehrs an. Allerdings ist bei allen Anreiseformen darauf zu achten, dass die Zahl der Begleitperso-

nen ausreichend ist und dass der nötige Versicherungsschutz für die Schülerinnen und Schüler sowie der begleitenden Lehrkräfte vorhanden ist.

3.4 Inhaltliche Vorbereitung

3.4.1 Lernziele

Damit die Erkundung des Kalksandsteinwerkes so effektiv wie möglich gestaltet werden kann, sollten wie beim normalen Unterricht auch zuvor Lernziele formuliert werden. Hierbei empfiehlt es sich, sowohl für die Vorbereitungsphase als auch für die eigentliche Erkundung konkrete Ziele aufzustellen. Da die Ziele der Erkundung neben den rein fachwissenschaftlichen gerade beim Besuch des Kalksandsteinwerkes auch im methodischen Bereich angesiedelt sind, werde ich im Folgenden kurz eine Formulierung der Lernziele getrennt nach fachlichem und methodischen Bereichen vornehmen.

Lernziele aus fachwissenschaftlicher und fachdidaktischer Sicht:

- Die Schülerinnen und Schüler sollen ein Bewusstsein für Umweltfragen entwickeln und erkennen, wie wichtig es ist, auch in Hinblick auf eine Baumaßnahme die richtige Wahl der Baustoffe zu treffen.
- Die Schülerinnen und Schüler sollen Bestandteile und Herstellungsverfahren von Kalksandsteinen benennen und erläutern können.
- Die Schülerinnen und Schüler sollen beschreiben können, warum sich Kalksandstein als ein ökologischer Baustoff bei einer Baumaßnahme anbietet.
- Die Schülerinnen und Schüler sollen Einsatzmöglichkeiten von Kalksandsteinen kennen und begründen können.

Lernziele aus methodischer Sicht:

- Die Schülerinnen und Schüler sollen in die Lage versetzt werden, sich selbst Informationen zu beschaffen und diese zu bewerten respektive Alternativen aufzudecken.
- Die Schülerinnen und Schülern sollen durch die Erkundung innerhalb der Gruppe Kooperations- und Kommunikationskompetenzen trainieren.
- Die Schülerinnen und Schüler sollen ihre Fähigkeit in der Recherche von Informationen verbessern und in der Lage sein, gewünschte Informationen zielgerichtet zu erarbeiten.

3.4.2 konkrete inhaltliche Vorbereitung

Die Vorbereitung der Erkundung des Kalksandsteinwerkes und einer heimischen Baustelle sollte ausführlich erfolgen. Um den Erfolg der Erkundung zu garantieren, sind Grundkenntnisse über den ökologischen Baustoff Kalksandstein – Herstellung und Verwendung dringend erforderlich. Auch sollte bei der Betrachtung von Baustoffen der ökologische Aspekt nicht außer Acht bleiben.
Im Folgenden werde ich eine Methode zur Erreichung dieser Grundbildung darstellen. Sicherlich bleibt es der betreffenden Lehrkraft überlassen, welche Form der Vorbereitung gewählt wird. Aus diesem Grund kann die vorgestellte Methode Beispielcharakter haben.

3.4.2.a Problemstellung

Innerhalb der Unterrichtseinheit: „Ökologische Aspekte des Renovierens und Bauens"[5] haben sich die Schülerinnen und Schüler auch mit den Eigenschaften und Wahl von Baustoffen vertraut zu machen. Um dieses zu ermöglichen, müssen ihnen Baustoffe unterschiedlichster Art zunächst zugänglich gemacht werden. Dabei sollte, begründend aus den Rahmenrichtlinien, ein wesentlicher Focus auf den ökologischen Aspekten von Baustoffen liegen. Durch die Tatsache, dass wir Menschen ei-

---

[5] Niedersächsisches Kultusministerium (1997): Rahmenrichtlinien für die Realschule Arbeit/Wirtschaft/Technik TE 15, RS

nen großen Teil des Tages in Gebäuden verbringen, ist es unbestritten wichtig zu wissen, dass die Auswahl der Baustoffe einen wesentlichen Beitrag für unsere Gesundheit und unser Wohlbefinden beitragen. Werden Baustoffe verwendet, auf denen der Mensch „allergisch" regiert, muss Krankheit in Kauf genommen werden oder aber der Baustoff entfernt werden, was weitere Kosten mit sich zieht.

Um diesen entgegenzuwirken, ist die Kenntnis über ökologische Baustoffe auch für das weitere Leben unabdingbar.

Einer, von möglichen ökologischen Baustoffen, ist der Kalksandstein, der sich durch hohe Wärmedämmfähigkeit und Schalldämmung auszeichnet. Er ist zu 100 % recyclefähig und besteht aus den Naturprodukten Sand und Kalk. Bei der Herstellung von Kalksandsteinen werden keine chemischen und umweltbelastenden Rückstände erzeugt. Mit Hilfe des Kalksandsteines soll es den Schülerinnen und Schülern ermöglicht werden, diesen als ökologischen Baustoff kennen zu lernen.

3.4.2. b Schwerpunktsetzung

Durch die Erkundung des Kalksandsteinwerkes ist es zunächst einmal möglich, die Herstellung von Kalksandsteinen anhand einer realen Beobachtung zu dokumentieren. Durch diese Erweiterung wird es den Schülern möglich, Erfahrungen auszuweiten und in größere Zusammenhänge einzubinden. Des weiteren sollen die Schüler den Baustoff Kalksandstein als einen ökologischen Baustoff kennen lernen, der aus reinen Naturprodukten hergestellt wird.

Mit der Erkundung der Baustelle am Schluss der Erkundungsphase wird es möglich, einen Gesamtüberblick über Herstellung, Verarbeitung und Einsatz des ökologischen Baustoffes zu erhalten.

Mit dem gesammelten Wissen ist es möglich, in Form von Plakaten, den Kalksandstein umfassend zu dokumentieren und darzustellen. Des weiteren sind die Schüler angehalten ihre Ergebnisse in Form einer schriftlichen Zusammenfassung den anderen Schülern zur Verfügung zu stellen.

3.4.2.c Konkretisierung der Erkundungsaufträge

Innerhalb der Erkundung des Kalksandsteinwerkes sollen zwei Gruppen gebildet werden, die bei der Erkundung des Werkes ihren Schwerpunkt der Betrachtung unterschiedlich setzen. Ziel ist es, umfassend Informationen zu erarbeiten und anhand von möglichen Fotos zu dokumentieren.

Die Entscheidung für die Bildung von zwei Gruppen ergibt sich aus der Tatsache, dass Schülerinnen und Schüler während der Erkundungsphase mit zwei Erkundungsaufträgen zunächst überfordert wären.

Der dritte Erkundungsauftrag, der auf der Baustelle durchgeführt wird, richtet sich an die gesamte Gruppe. Hierbei ist es wichtig mögliche Einsatzorte von KS-Steinen zu erkennen und zu dokumentieren. Des weiteren sollen sie mit Hilfe von Materialien (Internet (www.kalksandstein.de) oder der KS-Maurerfibel) die wesentlichen Steinarten erarbeiten und diese in Bezug auf den Einsatz der auf der Baustelle eingesetzten Steinarten vorstellen.

Arbeitsaufträge für die Gruppen:

Kalksandsteinwerk:

(Gruppe 1) Erkundet das Kalksandsteinwerk und beschreibt die Herstellung von Kalksandsteinen. Anhand eures Wissens soll innerhalb der Auswertungsphase der Produktionsablauf beschrieben werden. Verwendet dazu ein Plakat oder andere mögliche Präsentationsmöglichkeiten.

(Gruppe 2) Erarbeitet innerhalb der Erkundung, warum Kalksandstein ein ökologischer Baustoff ist. Mit Hilfe eures Wissens sollen innerhalb der Auswertungsphase die Ergebnisse der Erkundung den anderen Schülern verdeutlicht werden. Hierzu ist es möglich, ein Plakat zu erstellen und das Wissen anhand eines Kurzvortrages den anderen Schülern mitzuteilen.

<u>**Baustelle:**</u>

[(3) Außerdem würde es sich ferner anbieten, mit Hilfe der Kenntnis über Herstellung von Kalksandsteinen als ökologischen Baustoff eine weitere Erkundung einer Baustelle durchzuführen, bei der Kalksandstein als wesentlicher Baustoff zum Einsatz kommt um praktische Anwendungsmöglichkeiten kennen zu lernen.

(Gesamtgruppe) Erkundet in der Gruppe eine Baustelle, bei der der Baustoff Kalksandstein in Hinblick auf die Produktpalette wesentlich zum Einsatz kommt. Des weitern soll mit Hilfe der angegebenen Materialien, wesentliche KS- Steinarten erarbeitet werden. (Wesentliche Steinarten sind: Kalksandvollstein, Kalksandlochstein, Kalksandblockstein, Kalksandvormauerstein / Kalksandverblender und Kalksandstein- Bauplatten/ Planelemente) Die Dokumentation sollte mit Hilfe von Fotos belebt werden. Beschreibt dazu ferner die wesentlichen Kalksandsteinarten und stellt diese vor!]

Sicherheitshinweise für die Erkundung

Um Unfallgefahren zu vermeiden, dürfen die Schülerinnen und Schüler während der Erkundung die Gruppen nicht verlassen. Sie müssen sich grundsätzlich auf den besuchergeöffneten Wegen befinden und nichts ohne Erlaubnis anfassen.

3.4.3 Allgemeine Anmerkungen zur unterrichtlichen Vorbereitung

Die oben beschriebene inhaltliche Vorbereitung ist eminent wichtig, um eine Erkundung erfolgreich durchzuführen. Parallel dazu muss allerdings auch auf die Erkundung als Methode hingewiesen werden. Hierfür müssen die Schülerinnen und Schüler auf den konkreten Ablauf der geplanten Erkundung vorbereitet werden. Zudem empfiehlt es sich, Materialien der Kalksandsteinindustrie[7] schon vorher im Unterricht zu verwenden, um Schülerinnen und Schüler für das Thema zu sensibilisieren.

Des weiteren empfiehlt es sich als betreuende Lehrkraft im Rahmen einer Vorerkundung die eigentliche Erkundung konkret vorzubereiten. So können eventuelle (organisatorische) Fragen der Schülerinnen und Schüler schon im Vorfeld der Erkundung effektiv beantwortet werden. Unabhängig von der Form der inhaltlichen Vorbereitung sollte den Schülerinnen und Schülern auch deutlich gemacht werden, dass die Mitarbeiter des Kalksandsteinwerkes stets offen für Fragen seitens der Schüler sind und gerne bei Problemen oder Verständnisfragen weiterhelfen.

4. Durchführung

Innerhalb der Erkundung des Kalksandsteinwerkes haben die Schülerinnen und Schüler zwei unterschiedliche Arbeitsaufträge, die es gilt zu bearbeiten. Die Schülerinnen und Schüler bekommen im Rahmen eines Vortrages mit einem Rundgang auf dem Firmengelände einen Überblick über den Herstellungsprozess von Kalksandsteinen und dem Unternehmen selbst. Am Ende des Rundganges ist es möglich, im Rahmen einer Expertenbefragung, zunächst offene Fragen zu Herstellungsverfahren zu stellen und weitere Informationen im Hinblick auf den ökologischen Baustoff zu erhalten.

4.1 Erkundung des Kalksandsteinwerkes in Hinblick auf die Herstellung von Kalksandsteinen

Kalksandsteine werden aus Kalk und Sand hergestellt. Der Kalk, der aus gemahlenen, gebrannten Feinkalk, den so genannten Branntkalk (CaO), besteht wird während des Produktionsablaufs gelöscht und mit Sand (SiO_2) (kieselsäurehaltiger Zuschlag) in einem Mischungsverhältnis von 1:12 (Kalk zu Sand) nach Gewicht vermischt.

Von dort aus wird der gemischte Ausgangsstoff in so genannte Reaktionsbehälter geleitet, wo der Branntkalk unter der Zugabe von Wasser zu Kalkhydrat ablöscht. Hierbei muss die Eigenfeuchte des Sandes jedoch unter Beachtung stehen, sodass nicht zu viel Wasser für den Reaktionsprozess dazugegeben wird. Für das Ablöschen ist eine Reaktionszeit von 2- 4 Stunden vorgesehen. In einem weitern Mischer, dem Nachmischer, wird der Ausgangsstoff, der bereits gelöscht wurde auf eine gewisse Pressfeuchte gebracht.

Die entstandene Masse wir weiter zu den Steinpressen geleitet, wo diese zu Rohlingen verarbeitet wird. Hier bekommen die Steine bereits ihre Abmaße und ihre endgültige Form.

Im weiteren Produktionsablauf kommen die Steinrohlinge in Härtekessel. Bei einer Temperatur zwischen 160-220°C werden diese unter Dampfdruck in einer Zeit von 4-8 Stunden gehärtet. Durch die zugeführte Wärme, entstehen aus dem Kalk und der von der Oberfläche der Sandkörner gelösten Kieselsäure eine Verbindung mit kristallinen Gefüge, die die Sandkörner untereinander verkittet. Härtekessel haben einen Durchmesser von 2,40 m und können eine Länge von bis zu 45 m haben. Das Fassungsvermögen liegt je nach Länge zwischen 60 und 200 m³, dass einer Steinmenge von 12000 bis 25000 Steinen je nach Format entspricht.

Nach dem Dampfhärteprozess werden die erhärteten Steine im Lager zwischengelagert oder aber gleich zur Baustelle gebracht.

Kalksandsteine dürfen grundsätzlich erst nach Abkühlung verarbeitet werden. Werden sie trotzdem verarbeitet, wird das Wasser aus dem Mörtel zu rasch entzogen und der Mörtel „verbrennt". Dadurch ist eine feste Verbindung zwischen Mörtel und Stein nicht mehr gewährleistet.

4.2 Erkundung des Kalksandsteinwerkes (Schwerpunkt Kalksandstein – ein ökologischer Baustoff

Kalksandstein besteht grundsätzlich nur aus Naturprodukten (Quarzsand, Kalk und Wasser). Bei der Herstellung der Steine werden keine weiteren Zusätze oder chemische Mittel verwand. Auch bei dem Erhärtungsvorgang im Härtekessel entstehen keine giftigen und umweltbelastenden Rückstände und Abwässer.

Im Vergleich zu der Herstellung von anderen Baustoffen ist der Energieaufwand bei der Produktion gering. Der Kalksandstein zeichnet sich vor allem durch sein hohes Wärmespeichervermögen aus. Im Sommer sind die Räume angenehm kalt und im Winter angenehm war. Dieses trägt auch dazu bei Energie einzusparen. Durch seine Rohdichte ist er ebenso ein guter Schallschutz (schalldämmend). Auch mit dünnen Wänden mit hoher Rohdichte ist ein guter Schallschutz möglich. So kann ferner Wohnfläche eingespart werden. Beim Abbau von Sand werden diese Stätten zu Biotopen, die es möglich machen Freizeitgebiete entstehen zu lassen. Außerdem ist es möglich, Kalksandsteinmauerwerk einschließlich Putz und Mörtel zu 100 % zu recyceln. Gesteinsschutt wird zerkleinert und als Zuschlag zum Sand in den Herstellungsprozess zurückgeführt.

Abbildung 1: Gesteinsschutt, der der Produktion wieder zugeführt wird

Was zeichnet diesen Baustoff in besonderer Weise aus:

- Kalksandsteine werden nur aus Kalk, Sand und Wasser hergestellt. Sie enthalten keine chemischen Zusätze.
- Im Vergleich zu anderen Baustoffen wird für die Herstellung wenig Energie benötigt. Die Sandgruben werden meist nach dem Abbau zu Biotopen oder Erholungsgebieten rekultiviert.
- Gedämmte KS-Außenwände bewirken ein gutes Raumklima. Auch bei hoher Luftfeuchtigkeit wird so genanntes „Schwitzwasser" in den Räumen vermieden.
- Durch seine hohe Rohdichte ist er hoch schalldämmend.
- Er ist für Brandschutzwände einsetzbar und nicht brennbar.
- Außerdem speichern hochgedämmte KS- Außenwände Wärme – dieses hilft dabei Energie einzusparen.
- Wird der Kalksandstein als Sichtmauerwerk eingesetzt (Verblender) weist er
- Frostbeständigkeit auf.
- Als Baustoff zeichnet er sich vor allem bei der Verarbeitung aus, da er maß genau ist und planebene Flächen besitzt.
- Auch schmale Wände sind hoch belastbar, da er eine hohe Steindruckfestigkeit besitzt.

4.3 Erkundung einer Baustelle – Wie kommt der Baustoff zum Einsatz

Kalksandsteine werden als Vollsteine, Lochsteine, Blocksteine und Hohlblocksteine hergestellt.

1. Kalksandvollsteine (KS) sind Vollsteine mit einer Steinhöhe von bis zu 11,3 cm. Der Querschnitt der Steine darf maximal 15 % durch Lochungen und Grifföffnungen gemindert sein.

2. Kalksandlochsteine (KSL) dürfen ebenso nur eine Höhe von 11,3 cm haben. Der Unterschied zu den Vollsteinen liegt in dem Anteil der Lochungen, der hier mehr als 15 % betragen darf. Die Löcher sind nur hin zu einer Seite des Steines geöffnet.

3. Kalksandblocksteine (KS) und Kalksandhohlblocksteine sind Steine mit einer Höhe von mehr als 11,3 cm. Die Blocksteine dürfen ebenso wie die Vollsteine eine Lochung von max. 15% haben wohingegen die Hohlblocksteine den Lochungsanteil übersteigen dürfen. Alle Löcher sind bis auf die Grifföffnungen nur zur einer Seite geöffnet.

4. Kalksandvormauersteine (KSVm) und Kalksandverblender (KSVb) sind Kalksandsteine die frostbeständig sind. Sie besitzen dazu eine hohe Druckfestigkeit.

5. Kalksandstein- Bauplatten (KS-P) und Planelemente (KS-PE) sind Steine im Großformat. Planelemente werden in den Längen von 99,8 cm und mit Höhen von 49,8 cm sowie mit Steinbreiten von 11,5, 17,5, 24 und 30 cm hergestellt. Bauplatten werden im Gegensatz zu Planelementen für nicht tragende Wände eingesetzt. Auf der zu erkundenden Baustelle, kommen Kalksandvormauersteine (KSVm) (bossiert) zum Einsatz und dienen als Außenschale der Wohnungswände.

Abbildung 2 und 3: Mauerecke – verblendet mit KSVb)

Des Weiteren werden Planelemente (KS-PE) eingesetzt. Planelemente werden im Werk bereits in Abstimmung mit den Abmaßen des Hauses zugeschnitten und benannt und können mit Hilfe eines Verlege- Planes auf der Baustelle verarbeitet werden. Durch diese Planelemente ist es möglich schnell und mit geringen Aufwand Wände innerhalb von kurzer Zeit zu erstellen.

Abbildung 4: Erdgeschoß – KS-Planelemente Abbildung 5: Obergeschoss – Tragende Außenwand Giebelwand tragend – zugeschnitten gemäß der Dachneigung

5. Auswertung

5.1 Nachbereitung der Erkundung

Neben der Vorbereitung ist es auch sehr wichtig, die Erkundung des Kalksandsteinwerkes und der Baustelle aufzuarbeiten. Da dieses, wie auch die Vorbereitung, letzt-
lich der betreuenden Lehrkraft beziehungsweise dem schulinternen Lehrplan überlassen bleibt, möchte ich an dieser Stelle nur kurz zwei Anregungen, die auch zu einem gewissen Grad aus den Arbeitsanweisungen hervorgehen, geben.

Wandzeitung (Plakate)
Zur Nachbereitung der Erkundung kann eine Wandzeitung (bestehend aus: 1. Herstellung und Produktion, 2. Kalksandstein als ein ökologischer Baustoff und 3. Einsatzmöglichkeiten von Kalksandsteinen) im Klassenraum erstellt werden, die die wesentlichen Erkenntnisse der Erkundung dokumentiert. Die Wandzeitung bietet den
Vorteil, dass die Schülerinnen und Schüler sich auch nach der Erkundung noch mit
dem Thema auseinandersetzen und die Dokumentation stets im Klassenraum prä-
sent bleibt. So werden die Schüler immer wieder zur Auseinandersetzung mit dem
Erarbeiteten ermutigt. Mit Hilfe der Zeitung kann eine weiterführende Diskussion an-
geregt werden, die die Gegenüberstellung von Kalksandstein mit anderen ökologischen Baustoffen beinhaltet. Außerdem kann ein Feedback zum Erarbeiteten ange-
regt werden.

Nutzung im weiteren Unterricht
Aufgrund des hohen Alltagsbezuges der Thematik und der reichhaltigen Informationen bietet es sich an einen alternativen Baustoff zu erkunden, wobei auf eine noch-
malige Betriebserkundung verzichtet werden kann. Durch diese Gegenüberstellung
ist es möglich Vor- und Nachteile und Herstellungsverfahren des einzelnen Baustoffes zu dokumentieren und gegenüberzustellen.

5.2 Allgemeine Aspekte der Auswertung

Gegenstand der Erkundung des Kalksandsteinwerkes war die Sensibilisierung der
Schülerinnen und Schüler für das Thema ökologischen Aspekte des Renovierens

und Bauens. Durch die bereits im Vorfeld einer Baumaßnahme gezielte Auswahl von ökologischen Baustoffen können Krankheiten infolge von Fehlentscheidungen bei der Auswahl vermieden werden.

Mit der ausführlichen und effektiven Vorbereitung der Erkundung im schulischen Unterricht und einer guten Betreuung während der Besuchsphase lassen sich die von mir aus gesetzten Ziele meiner Meinung nach sinnvoll realisieren. Das Kalksandsteinwerk ist als Erkundungsort sehr zu empfehlen, da es den Schülerinnen und Schüler die Möglichkeit bietet relativ einfach und umfassend Informationen zu erhalten.

6. Quellenverzeichnis

(1) Bundesverband Kalksandsteinindustrie e. V. (Hrsg.) (2002):
Jahresberichte

(2) Henseler, Kurt; Höpken (1997): Methodik des Technikunterrichts Klinkhardt
Verlag

(3) Hüttner, Andreas (2002): Technik unterrichten. Methoden und
Unterrichtsverfahren im Technikunterricht, Europa Lehrmittel Verlag Haan
Gruiten

(4) Kaiser, Franz Josef; Kaminski, Hans (1999): Methodik des
Ökonomieunterrichts. Grundlagen eines handlungsorientierten Lernkonzeptes
mit Beispielen, Klinkhardt Verlag

(5) Kalksandsteinwerk Bookholzberg (Hrsg.) (2004): 100 Jahre
Kalksandsteinwerk Bookholzberg GmbH & Co. KG – Beilage in der
Nordwestzeitung Nr. 16 – 17. Januar 2004

(6) Kalksandsteinberatung Nord-West GMBH (Hrsg.) (1997): Kalksandstein –
Planen, Bauen, Wohnen ... natürlich mit Kalksandstein

(7) Kettler, K. (1997): Fachwissen für Hochbaufacharbeiter Fachstufe I, Stam
Verlag Köln

(8) Niedersächsisches Kultusministerium (1997): Rahmenrichtlinien
Realschule Arbeit/Wirtschaft – Technik

(9) Wessig, J. (1998): Kalksandstein. Maurerfibel 6. stark überarbeitete Auflage
Verlag Bau und Technik, Düsseldorf

(10) www.kalksandstein.de

7. Abbildungsverzeichnis

- Abbildung 1: Gesteinsschutt der der Produktion wieder zugeführt wird (eigenes Foto)

- Abbildung 2 und 3: Mauerecke – verblendet mit KSVb) (eigene Fotos)

- Abbildung 4: Erdgeschoß – KS-Planelemente - tragende Außenwand (eigenes Foto)

- Abbildung 5: Obergeschoss – Giebelwand tragend – zugeschnitten gemäß der
- Dachneigung (eigenes Foto)

8. Materialien bzw. Arbeitsblätter

Erkundung des Kalksandsteinwerkes Bookholzberg (1)

(Gruppe 1) Erkundet das Kalksandsteinwerk und beschreibt die **Herstellung von Kalksandsteinen**. Nutzt auch Grafiken, die die Produktion von Kalksandsteinen verdeutlichen!

Anhand eures Wissens soll innerhalb der Auswertungsphase der Produktionsablauf beschrieben werden. Verwendet dazu ein Plakat oder andere mögliche Präsentationsmöglichkeiten.

Mögliche Hilfen für die Erarbeitung des Erkundungsauftrages:

- **Wessig, J. (1998):** Kalksandstein. Maurerfibel 6. stark überarbeitete Auflage Verlag Bau und Technik, Düsseldorf
- **Kalksandsteinberatung Nord-West GMBH (Hrsg.) (1997):** Kalksandstein – Planen, Bauen, Wohnen ... natürlich mit Kalksandstein
- **www.kalksandstein.de**

Erkundung des Kalksandsteinwerkes XXX (2)

(Gruppe 2) Erarbeitet innerhalb der Erkundung, warum Kalksandstein ein ökologischer Baustoff ist. Was zeichnet diesen Baustoff in besonderer Weise aus?

Mit Hilfe eures Wissens sollen innerhalb der Auswertungsphase die Ergebnisse der Erkundung den anderen Schülern verdeutlicht werden. Hierzu ist es möglich, ein Plakat zu erstellen und das Wissen anhand eines Kurzvortrages den anderen Schülern mitzuteilen.

Mögliche Hilfen für die Erarbeitung des Erkundungsauftrages:

- **Wessig, J. (1998):** Kalksandstein. Maurerfibel 6. stark überarbeitete Auflage Verlag Bau und Technik, Düsseldorf
- **Kalksandsteinberatung Nord-West GMBH (Hrsg.) (1997):** Kalksandstein – Planen, Bauen, Wohnen.

- **Kettler, K. (1997):** Fachwissen für Hochbaufacharbeiter Fachstufe I, Stam
  Verlag Köln. natürlich mit Kalksandstein
- **www.kalksandstein.de**

Erkundung einer Baustelle

(Gesamtgruppe) Erkundet in der Gruppe eine Baustelle, bei der der Baustoff
Kalksandstein in Hinblick auf die Produktpalette wesentlich zum Einsatz kommt. Des
weitern soll mit Hilfe der angegebenen Materialien, wesentliche KS- Steinarten
erarbeitet werden.

(Wesentliche Steinarten sind: Kalksandvollstein, Kalksandlochstein, Kalksandbloc
stein, Kalksandvormauerstein / Kalksandverblender und Kalksandstein- Bauplatten/
Planelemente)

Die Dokumentation sollte mit Hilfe von Fotos belebt werden. Beschreibt dazu außerdem die wesentlichen Kalksandsteinarten und stellt diese vor!]

Mögliche Hilfen für die Erarbeitung des Erkundungsauftrages:

- **Wessig, J. (1998):** Kalksandstein. Maurerfibel 6. stark überarbeitete Auflage
  Verlag Bau und Technik, Düsseldorf
- **Kalksandsteinberatung Nord-West GMBH (Hrsg.) (1997):** Kalksandstein –
  Planen, Bauen, Wohnen ... natürlich mit Kalksandstein
- www.kalksandstein.de